万水·荟生活

U0194862

趣玩多肉

人见人爱的创意小盆栽

［韩］月刊《Flora》编辑部　元钟姬　著
李小晨　译

中国水利水电出版社
www.waterpub.com.cn

没有多肉，我会孤独

多肉植物是我的开心果。不论春夏秋冬，端庄静美的多肉植物都能给我带来安慰。有很多人问我"为什么要选择这样的生活"，即"为什么要如此辛苦地经营多肉植物农场"，每当这时，我都会回答"当然是因为喜欢了"。

虽然最初仅仅是一粒细小的种子，但植物们会努力生长，用绽放出来的曼妙花朵给人以欢愉。也有比人还要长寿的植物。我见过一些抑郁症患者正是托种植物的福而康复。在我看来，养植物也是一种疗愈。有时我只是静静地看着它们，便会产生一种犹如母亲养育子女般的柔情。

"你怎么能长得这么帅呢"这是我常对儿子说的一句话。每当这时女儿总会反驳我："只有妈妈这么认为罢了。外面比哥哥帅气的男生多着呢……"但是在养植多肉的过程中，我还是会情不自禁地说出这句话。看着它们可爱的、肉肉的样子，我总是爱不释手。当然看到它们受伤时，我也心疼不已。

每棵植物都有自己的故事。所以每棵植物都弥足珍贵。
正如很多多肉植物爱好者会说的一句话："如果没有多肉，我一定会很孤独……"

我给多肉植物下的定义是"生活在沙漠或高山等干燥地区，有多汁且可爱的根、茎、叶"。比如我们在日常生活中经常能够见到的芦荟、虎尾兰、伽蓝菜等，就是多肉植物。您一定没想到吧？事实上仙人掌也是多肉植物，只不过由于自身品种繁多被单独分为一类罢了。目前多肉植物多达上万种，嫁接品种更是数不胜数，种植多肉植物乐趣无穷。

其实，给植物浇水不仅仅是为了它们，同时也是为了我们自己。正如清风拂过莲花池所泛起的点点涟漪，这种幸福是无以名状的。希望打开本书的读者们都能感受到这份幸福。
让我们与多肉一起幸福地生活吧！

元钟姬

注：本书中部分多肉植物没有对应的中文名称，故保持拉丁文原名。
　　欢迎各位读者的批评指正。

多肉时代

不知从何时起，多肉植物从众多的观叶植物和开花植物中脱颖而出，开始凭借自身独特的魅力受到许多人的喜爱。其实多肉植物专卖店以及网店的出现不过只有一两年的时间而已，但就在这短短的一两年时间里，多肉植物爱好者却如雨后春笋般地涌现了出来。

敏锐的记者们当然不会放过这一话题。那么，为什么多肉植物能够掀起这股热潮呢？采访中，花店店主们认为"多肉植物比其他植物养起来更方便"，而多肉植物爱好者们却认为是因为"多肉植物不可抵挡的魅力"。此外，多肉植物在夜间也会释放氧气的特性更是让多肉植物成为许多人的不二选择。

去年秋天，《Flora》编辑部第一次拜访了瑞山多肉农场的场主元钟姬，也就是naver网站"植物与人"的论坛版主。同事们都不禁被其幽默的表达与清晰明了的说明所折服。因此，在经过多次讨论之后，一次简单的人物采访最终变成了一份出书计划。

本书分为两部分。第一部分主要介绍了多肉植物的家居装饰方法，小到一只花盆的装饰，大到多种组合盆栽，共计50余种。希望清晰的图片展示以及深入浅出的说明能够让大家产生"我自己也能装饰家居"的自信。第二部分以多肉植物种植专家元钟姬的多年经验为依托，重点介绍了多肉植物栽培技巧。该部分会通过简明易懂的表达方式将种植多肉植物所必须了解的内容一一为您呈现。

希望本书能够成为众多多肉植物爱好者的种植指南。

月刊《Flora》编辑部

Part 1. 比花更美的
多肉植物创意盆栽

Ⅲ 多肉达人
组盆创意大公开

Part 2. 最简单的
多肉植物种植方法

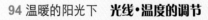

VI 从外观和习性进行判断
多肉植物的管理方法

Part 1.
比花更美的
多肉植物创意盆栽

各式各样，千差万别！
你知道吗？即使是同样的多肉植物，如果种植修剪方法的不同，呈现出来的模样也会千差万别。所以在本章中我们特意为您展示了50种简单易学的多肉植物装饰技法。下面就开始用多肉植物装饰家居吧，不论是阳台、卧室还是孩子的房间，只要加入了多肉植物就会变得焕然一新。

多肉植物
一株也多姿
复古·现代·传统

亲手制作
创意&再利用

多肉植物种植高手
令人叫绝的造型&园艺

Writing

Viutage Style（复古）金静熙 花国设计工坊
李英善 英善园艺工作室
林智妍 芳草花园
崔南希 花国设计工坊

Modern Style（现代）姜胜玉 花之器
南英熙 朵儿园艺工作室
刘英珠 Narsha花艺

Oriental Style（传统）姜胜福 多肉超市
权文静 权文静花店
金惠淑 金惠淑花店
林智妍 芳草花园
元钟姬 植物与人论坛
韩京淑 佳缘花店

I

多肉植物
一株也多姿

餐桌上绽放的多肉
餐桌摆饰

多肉植物静夜非常适合装饰餐桌。例如将其紧凑地种植在矮小的心形花盆中，会给人一种自然清新的感觉。静夜绿如翡翠，别具魅力。当然还可以在花盆中间放入蜡烛作为装饰，但一定要使用隔热玻璃将蜡烛与多肉隔开。此外，不要忘记定期给静夜进行修剪枝叶。

多肉植物：静夜
材料：粗沙、培养土、蜡烛

How to make

1. 在花盆中倒入粗沙，约1/2左右。
2. 将静夜种在混有粗沙的培养土里。
3. 紧凑地种好后，在中间放上蜡烛。

李英善's Tip+

多肉植物之所以可以被种植在如此低矮的花盆中，全部得益于它短小的根茎。但种植时培养土中一定要充分混合粗沙，因为只有这样才能保证根部的空气流通。

GARDEN

Homeland

Homeland

玩具般的
铁质喷壶

如果感觉使用的花盆太过普通，也可以尝试在铁质喷壶中种植多肉植物。喷壶的奇特造型与铁器独有的古董质感与多肉植物相得益彰。喷壶一般适合用来种植新玉坠、虹之玉、虹之玉锦等叶茎较长的多肉植物。

多肉植物：虹之玉锦
材料：粗沙、培养土、彩色碎石、铁锹形状的装饰品

How to make

李英善's Tip+

您一定很想知道这些铁质喷壶和铁锹形状的装饰品是从哪里淘来的吧？其实这些都是从网络上购买的。只要在搜索栏中输入"家居装饰品"，就能够轻松找到很多有关园艺材料和装饰品的网店。当然如果想要看看实物，您也可以到花卉市场看看。在那里有很多专门出售花盆和装饰品的小店，可以一边比较一边挑选。

1. 在壶中装入1/3的粗沙作为排水层。
2. 然后装入1/3的培养土。
3. 将虹之玉锦以及原先种植虹之玉锦所使用的泥土原封不动地移到喷壶中。
4. 最后插上铁锹形状的装饰品，铺上彩色碎石即可。

利用水苔呈现出具有独特韵味的
铁篮子&鸟笼

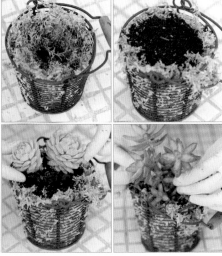

How to make

有了水苔的帮助，即使将多肉植物种植在铁篮子中也不用担心泥土会掉出来。而且从铁篮子中间露出来的水苔还会呈现出一种古董的感觉。但是，水苔有吸水的特性，所以只有等土壤完全干燥的时候才能浇水。

多肉植物：静夜、铭月
材料：水苔、培养土

1. 用晒干的水苔将铁篮子的四周塞满。
2. 在篮子中间装满培养土。适量加入肥料。
3. 将静夜种在靠前的位置。
4. 将铭月种在稍微靠后的位置，使其能够自然伸展。

Design 林智妍 芳草花园

下面我们可以利用同样的方法，尝试着将多肉植物种在鸟笼中。从鸟笼门中探出头的紫心就如杜鹃一样小巧可爱。
将其用酒耶叶的纤维挂在墙上或者半空中，孩子们会特别喜欢。

多肉植物：紫心
材料：水苔、培养土、酒耶叶的纤维

 How to make

1. 将晾干的水苔铺在鸟笼的底部，铺到鸟笼中间部分。
2. 在水苔上面撒上培养土。
3. 小心地将紫心种在上面。

Design 林智妍 tigrass flower&garden

Design 李英善 英善园艺工作室

空中楼阁般的
多肉植物铁艺挂饰

多肉植物中的蓝色天使和火祭有着犹如烟花绽放一般向外打开的叶子。所以十分适合放在篮子里悬挂在空中。苔藓和水苔都有吸水的性质，所以只有在泥土全部干燥之后才能用喷壶给其浇水。

多肉植物：蓝色天使、火祭
材料：粗沙、培养土、天然苔藓、园艺火山石

How to make

1. 将去除了湿气的天然苔藓铺在篮子中。
2. 放入混合了粗沙的培养土。
3. 将多肉植物种入其中，并放入园艺火山石作为装饰。

简单易做的**迷你挂饰**

我们可以尝试用黄麻纤维制成的包装纸或袋子将多肉植物挂在墙上。这样一来，古香古色的壁挂装饰就完成了。无需使用花盆，只要选用不同颜色的包装纸即可。

多肉植物：红晃星、迷你姬花月、黄花新月

材料：黄麻纤维包装纸、绳子、树枝

金静熙's **Tip +**

挂袋的制作方法比想象中要简单很多。只要将包装纸裁剪好，然后对折，再用细绳或者细线将两边缝好即可。最后穿上毛线就可以挂在墙上了。

Design 金静熙 花国设计工坊

崔南希's Tip+

为防止水土渗漏，挂篮一定要用塑料纸做好处理。可以用1次性塑料纸或者保鲜膜将挂篮里里封好，然后再用锥子戳几个漏水的小孔。

可以在挂篮中种植千代田锦、粘莲花掌（Aeonium viscatum）等多肉植物，呈现田园气息。多肉植物与编织篮十分搭配。挂篮中适合种植树形修长的多肉植物。

多肉植物：千代田锦、粘莲花掌
材料：粗沙、培养土、塑料

Design 崔南希 花国设计工坊

童话中的植物王国
窗挂式花盆

你可曾想象过这样的画面？每天清晨打开窗，可爱的多肉植物们就站在窗户旁欢迎你。其实只要有挂式花盆以及一些小装饰品，就可以达到这样的效果，并呈现出犹如植物王国般的浪漫气息。花盆做好后，将其挂在阳光明媚的阳台上便大功告成了。

多肉植物：火祭、大卫、静夜、春梦殿锦、新玉坠、星美人
材料：水苔、培养土、彩色碎石、园艺火山石、迷你椅子装饰、铁丝网、铁网格

How to make

1. 在贴近墙面的地方铺上铁丝网并附上网格，然后在上面铺上一层水苔，以防止泥土外漏。最后撒上培养土。
2. 在边缘部分种上火祭和新玉坠。多肉植物前可以放上火山石作为支撑。
3. 选择颜色和形状不同的多肉植物（小的种在前面，大的种在后面）。
4. 中间可以斜插一张装饰椅并铺上碎石。

Design南英熙 朵儿园艺工作室

干净端庄的**陶瓷花盆**

将多肉植物成排种植在正方形容器中，做法虽简单却能演绎出一种简约利落的感觉。特别是白色与绿色的搭配，更显清新脱俗，十分适合放在办公室或者现代风格的空间中。既可以种植一种植物，也可以将不同形态、质感的多肉植物种植在一起。

多肉植物：条纹十二卷、小黏黏、凌娟
材料：钵底石、粗沙、培养土、装饰用沙土、白石粒

 How to make

崔南希's Tip+

多肉植物都喜干爽，所以排水是种植多肉植物的关键。能够起到排水功能的材料有钵底石、碎石、粗沙、黏土块、木炭等。此外，粗沙与培养土1:1混合后也能起到不错的排水作用。

1. 先铺上一层钵底石作为排水层。
2. 然后铺上粗沙，盖过钵底石即可。粗沙可以防止培养土渗漏到鹅卵石缝隙中。
3. 确定好多肉植物的种植位置后，将其种植在混合比例为1:1的粗沙与培养土混合物中。
4. 为了防止泥水上涌，最好再铺上一层粗沙，并用装饰用沙土和白石粒铺在上面作为装饰。

* 小黏黏：拉丁名为*Cotyledon eliseae*，景天科银波锦属。——编者注

百搭的
银色&白色花盆

✿ How to make

在充满现代感的银色花盆中种上红色的唐印再适合不过了。冷暖色调的搭配既不过分华丽，也不显单调。此外唐印在光照下才会染上红晕，每天至少需要照射4小时。所以一定要放在能够照到阳光的地方。

多肉植物：唐印

材料：钵底石、粗沙、培养土、白色石子、铁网格

1. 先用铁网格堵住漏水孔，然后在上面铺上钵底石，倒入1/3的粗沙。

2. 接着再将粗沙和培养土按照1:1的比例混合装入花盆中。种好唐印后，铺上一层粗沙，再加上一些装饰用白色石子即可。

Design 南英熙 朵儿园艺工作室

将三种不同种类、大小的多肉植物一并摆放在小花盆中，装饰桌面效果非常好。特别是后面种上稍高一些的迷你姬花月、前面种上略带一点粉色的春梦殿锦后，不论是颜色，还是形态都相得益彰。

多肉植物：秋丽、春梦殿锦、迷你姬花月
材料：粗沙、培养土、白色石子、铁网格

1. 用铁网格堵住漏水孔。
2. 铺上粗沙作为排水层。
3. 填满培养土，种好植物。
4. 最后用白色石子作为装饰。

Design 林智妍 芳草花园

Design 南英熙 朵儿园艺工作室

从里至外的享受
透明玻璃花盆

仙女之舞为伽蓝菜属多肉植物。因其周身包裹着细小的绒毛，所以种植在深色花盆中会给人一种厚重炎热的感觉。因此最好选用透明的玻璃花盆。这样一来在看植物的同时，还能欣赏到粗沙、石头、沙子层层叠叠的样子。一定不要忘记加入鹅卵石作为装饰。

多肉植物：獠牙仙女之舞
材料：鹅卵石、粗沙、培养土、装饰用白沙、钵底石

❀ How to make

崔南希's Tip+

土和沙子的分界线不要太笔直，因为这样会显得很僵硬，倾斜一点会更自然。同时还可以使用彩色碎石和彩色沙土呈现出更多样的层次感。

1. 先在盆内铺上一层钵底石作为排水层，然后再洒上一层薄薄的粗沙。
2. 将粗沙和培养土按照1:1的比例混合好后倒入花盆中。种植仙女之舞时不要种在花器正中央，稍微靠边一些会更显气质。
3. 最后撒上粗沙，铺上白沙就可以了。
4. 鹅卵石在这里不仅起到了支撑仙女之舞的作用，同时还防止了浇水时白沙向上浮起来。

Design 刘英珠 - Narsha花艺

特别的日子，给特别的你
红酒庄园

多肉植物与软木塞的搭配——红酒庄园！在特殊的日子里可以作为礼物，送给特别的她（他）。注意多肉植物不要选择生长过快的，同时构图时留白要充足。

多肉植物：千代田之松、月兔耳、白边四海波、紫丽殿、虹之玉、锦晃星

材料：鹅卵石、培养土、软木塞、钵底石、白沙、晾干的材料（柠檬、莲藕、黑桤木、桂皮、树叶）

How to make

刘英珠's Tip+

虽然软木塞以及其他风干的装饰材料都可以从花卉市场上买到，但如果有时间的话最好还是自己收集晾晒。我们可以随时开动脑筋利用身边常见的东西来装扮花盆。

1. 盆里铺上钵底石作为排水层。
2. 在花盆中倒入1/2的培养土。
3. 从相对大棵的多肉植物开始种。因为多肉植物根茎短小，所以一定要用土加以固定。
4. 铺上白沙后，将软木塞和干柠檬等放在上面作为装饰。

Design 林智妍 芳草花园

韩国味十足的
瓷器花盆

瓷器和陶器都十分适合用来搭配多肉植物，特别是瓷器。如果再铺上一些白色的小石头，注意留白，那么韩式风格必然尽显无疑。

多肉植物：厚叶旭鹤、黑骑士、酥皮鸭*、虹之玉锦
材料：鹅卵石、粗沙、培养土、钵底石、白色石子

林智妍's Tip+

在广口的花盆中种植植物，如果高低搭配适当，便会给人简约利落之感。我们既可以通过选用不同高度的植物来营造这种错落的感觉，也可以通过铺洒泥土来打造花盆的立体感。如果使用的是圆形花盆，那么中间集中四周稀疏便是搭配的诀窍之一。

* 酥皮鸭，拉丁名为*Echeveria.supia*，也叫森之妖精，景天科拟石莲花属。——编者注

散发庭院香气的
缸盖

缸盖也可以让人领略大漠风光。只要我们先在缸盖中间种上单刺仙人掌，然后在四周搭配上一些矮小的多肉植物，一盆充满沙漠风情的盆栽就完成了。而且随着季节变化，多肉植物们还会变色、开花，乐趣无穷。

多肉植物：单刺仙人掌、黄丽、白边四海波、春梦殿锦、翡翠景天、花月夜、雅乐之舞、虹之玉、桃乐丝泰勒、仙人之舞　　材料：钵底石、粗沙、培养土、火山石

Design 自运营 植物与人

如果缸盖出现裂缝，不能继续使用，不妨将其改造成为一只古香古色的花盆。特别是像这样排列成心形，更能突显多肉植物的魅力。先用粗沙打造排水层，然后撒上培养土即可。从里到外分别是昭和、紫珍珠、静夜、玉露。

多肉植物：昭和、紫珍珠、静夜、玉露　　　材料：粗沙、培养土

Design 姜胜玉 多肉超市

衬托多肉气质的
瓦片

用瓦片做花盆固然很好，但瓦片两边是敞开的，所以要格外注意水土流失问题。例如，种植植物时，一定要把泥土按实。而搭配方面，可以先种一些稍大的黑王子和厚叶旭鹤，再用小巧可爱的大卫、蛛丝卷绢作点缀。

多肉植物：黑王子、厚叶旭鹤、大卫、蛛丝卷绢
材料：粗沙、赤玉土、培养土、火山石

Design 韩京淑 佳缘花店

瓦片和瓮器的魅力是完全不同的。而且瓦片两边是敞开的，所以种植植物时需要格外注意。最好在中间填入粗沙和培养土，两边用火山石来封口。此外还要用赤玉土和苔藓将缝隙填满，避免泥土坍塌。其中苔藓能够起到支撑的作用。

在瓦片中种植植物会给人一种极为贴近自然的感觉。昭和属于瓦松中的一种，每到秋天都会变红，还会开出白色的小花，极具魅力。

多肉植物：昭和、珊瑚珠、玉露
材料：粗沙、赤玉土、培养土、园艺火山石、苔藓

Design 姜胜玉 花之器

与多肉植物相得益彰的
传统花盆

用带有花纹的陶器种植多肉会给人高贵之感。特别是丰腴的星美人与帅气的黑王子搭配在一起分外和谐。比起只种其中一种来说更显高雅。

多肉植物：星美人、黑王子、紫心
材料：粗沙、培养土

Design 金惠淑 金惠书花店

权文静's Tip+

在种植这种具有向外平铺特性的植物时，其根部要倾斜插入土中，而且还要用火山石固定好。在固定植物时，火山石的作用很大。

古朴的花盆中适合种植一些具有传统美感的多肉植物，例如乙女心变种。特别是当瓶口较窄时，更要种植这种随着生长能够向外延展的植物。植物都有向阳性，所以即便自然生长也会形成美丽的景致。

多肉植物：乙女心变种

材料：粗沙、培养土、园艺火山石、铁丝装饰品

Design 权文静 权文静花店

Writing

姜胜玉　花之器
权文静　权文静花店
林智妍　芳草花园
连希英　花国设计工坊
李贤淑　花开花店

II

亲手制作花器
创意 & 再利用

打破传统花盆的大热花器
日常用品变身多肉花器

Design 李贤淑 花开花店

一见倾心的
迷你花盆

这种被称为"迷你花盆"的小花盆，体积最大的不超过咖啡杯，最小的堪比硬币。适合种植生命力强、易于茎插的多肉植物。这种花盆可以在市场上购买到。种植多肉植物时，粗沙、培养土、粗沙依次添加1/3，可以用镊子作为辅助工具。

多肉植物：小个头的多肉植物
材料：粗沙、培养土、铁网格、勺子、镊子

How to make

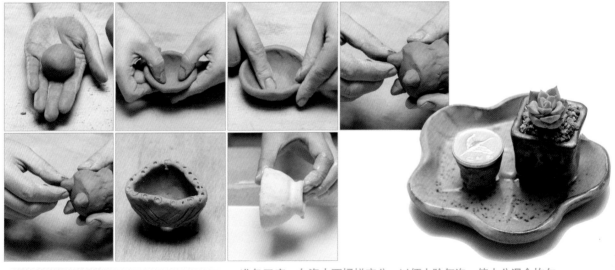

李贤淑's Tip+

迷你花盆的制作采用了传统工艺，原料为白瓷土。白瓷土可以在网上购买，而花盆做好后可以由陶艺店代为烧制。
虽然黏土也可以用来制作迷你花盆，但缺少了陶器的高贵感觉。当然作为练习材料还是不错的。

准备工序：白瓷土要揉搓充分，以便去除气泡，使水分混合均匀。

1. 用线将泥团切成几小块后捏成片状。
2. 用手指将其捏成碗状。
3. 底部按平。
4. 做3~4个支脚的盆托（3个最为稳定）。
5. 利用吸管在底部扎出漏水孔。
6. 在室内晾晒3~4天。
7. 上好釉后放入窑中烧制。
迷你花盆要在800℃~900℃的窑中先烧制一遍，然后拿出来上釉，最后再用1300℃的高温烧制（2次烧制）。

Design 李贤淑 花开花店

能够放入迷你花盆的
铁篮子

铁篮子可以用来盛放迷你花盆，很有复古的感觉。而且不但可以作为挂饰装饰家居，还可以保护迷你花盆！制作时只需准备好铁丝和钳子即可。家中若是挂上这样的一串铁篮子，装饰效果一定极佳。

材料：铁丝、钳子、迷你花盆

How to make

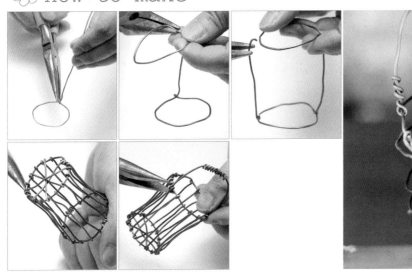

李贤淑's Tip+

您是否在担心多肉植物生长过快，迷你花盆盛放不下？事实上，迷你花盆中的养分并不多，所以植物不会生长到很大。而且我们还可以通过定期修剪控制大小。

1. 用铁丝围一个略大于花盆的圆圈作为铁篮子的底部。
2. 再围一个比底部更大的圆圈作为篮子的上部。
3. 根据花盆的高度剪两段铁丝，用来固定好篮子的上部与下部。
4. 用剩余铁丝将篮子的其他部分连接好。
5. 剪一段铁丝作为篮子的提手。

孩子们喜欢的
鸡蛋壳 & 贝壳花盆

How to make

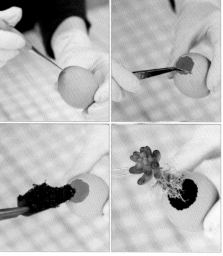

我们可以将小个头的多肉植物种植在鸡蛋壳中。方法十分简单，只要将鸡蛋中的蛋清蛋黄倒出来，再将多肉植物种进去就可以了。而且如果将小鸟玩偶摆放在鸡蛋壳花盆的周围，还可以营造出鸟巢般的温馨感觉。制作鸡蛋壳花盆时可以使用镊子，这是一个防止鸡蛋壳中途破裂的小窍门。

1. 先用锥子在鸡蛋壳上小心地钻一个孔。
2. 然后用镊子将孔一点点扩大。当然下面也要开一个漏水孔。
3. 填入少许粗沙，然后再放入培养土。
4. 将多肉植物种植进去。

多肉植物：紫心、虹之玉　材料：鸡蛋、镊子、粗沙、培养土

Design 林智妍 芳草花园

🌸 How to make

1. 将铁网格铺在贝壳漏水的地方，然后填入培养土（如果贝壳没有漏水的地方，则要填入大量的粗沙）。
2. 先将花筏种在里面。
3. 然后在后方种上虹之玉作为点缀。

花筏（Hanaikada）这一名字能够使人联想起波涛汹涌的大海，所以如果我们将其种植在贝壳中想必十分适合。而且如果将其摆放在孩子房间的窗边或者书架上，一定充满童趣。此外，可爱的海螺也可以用于种植多肉植物。

多肉植物：花筏、虹之玉
材料：培养土

Design 林智妍 芳草花园

茁壮成长的 **苔藓球**

我们可以尝试用苔藓来种植多肉植物。方法很简单，只要在苔藓中加入培养土和配料，并适时地浇些水就可以了。不论是放在玻璃碗还是托盘中都很适合。

多肉植物：紫心、舞乙女
材料：天然苔藓、培养土、装饰石头、钓鱼线

How to make

林智妍's **Tip +**

将苔藓放在铁丝网上十分适合种植多肉植物。不仅可以做成圆球状，还可以做成方形、三角形、心形等等。
注意：苔藓本身很潮湿，使用时一定要提前晾干。

1. 将天然苔藓铺开，大概手掌大小的一块即可，中间放入培养土。
2. 加入1~2块石头以增加其重量。
3. 将多肉植物连根放进去包裹起来。
4. 最后用钓鱼线将苔藓球固定好。

Design 权文静 权文静花店

比照片更鲜活的**相框花盆**

如果将多肉植物种植在相框中，我们就可以像欣赏美术作品那样欣赏多肉植物了。当然相框并不是适合多肉植物生长的环境，所以比起"实用性"来说，相框花盆更强调的还是"观赏性"。下面就让我们变身多肉植物画家，将可爱的多肉植物们种植在精心准备好的相框花盆中吧。

多肉植物：雅乐之舞、瓦松

材料：铁丝网（铁线网）、铁丝、培养土、天然苔藓

How to make

多肉植物　准备工序

多肉植物在种植之前需要修剪根部，修剪后根部长2~3cm左右。将其放置在常温环境中，大概2周左右会出现自然愈合的现象。

1. 将铁丝网像放相片一样放入相框中。
2. 放少量培养土，为让土壤固定，可以在上面覆盖一层苔藓。
3. 将雅乐之舞种在铁丝网中间。
4. 用瓦松装饰空间。

权文静's **Tip**+

像雅乐之舞这样扩散型的多肉植物，种植时需要用铁丝网和铁丝加以固定。当然固定根部也采用相同的方法。种植完毕后相框要平放在地上大约一个月左右的时间，这样多肉植物才能完全在花盆中扎根。待植物扎根完毕后，就可以将相框挂在墙上观赏了。

Design 权文静　权文静花店

Design 林智妍 芳草花园

儿童房装饰品**鸟笼**

利用铁丝网和苔藓同样可以将鸟笼装饰得很漂亮。做法相当简单，只要先用硅胶将带有苔藓的铁丝网粘在鸟笼上面，再插上晾干根部的多肉植物便可以了。既可以挂在阳台上，也可以挂在孩子的房间里。如果苔藓干了，浇些水即可。

多肉植物：爱染锦、酥皮鸭
材料：铁丝网、苔藓、培养土、厚纸、硅胶

 How to make

多肉植物 准备工序
多肉植物在种植之前需要修剪根部，修剪后的根部长约2~3cm。修剪好后将其放置在常温环境中大约2周。
1. 剪一块比鸟笼顶部面积略大的铁丝网，然后在上面铺上苔藓和培养土。
2. 将剪成 "ㄱ" 形的厚纸片附在铁丝网后面，起到固定作用。
3. 将铁丝网向内折叠，用铁丝将其缝牢。接着用硅胶将其粘在鸟笼顶部。
4. 最后用锥子在上面钻几个孔，用于种植多肉植物。

Design 林智妍 芳草花园

疯长的多肉植物
多肉花环

如果家中种植的多肉植物长得不成形或者不漂亮，你完全可以毫不犹豫地将其连根拔起，做成装饰用的多肉植物花环。而且只要插在苔藓和铁丝网做成的花环上面，它们便会自己扎根，完全不用担心养不活。

多肉植物：星美人、黛比、厚叶旭鹤、夕映爱、青星美人、石莲花、蒂亚、红晃星、初恋
材料：苔藓、培养土、铁丝网、铁丝

How to make

林智妍's Tip✛

可以在花环上加上蝴蝶结、松果或棉花，装饰效果会更好。
与相框花盆一样，花环做好后也需要在阳光充足的地方平放一个月左右，这样多肉植物才能够在花环上充分扎根。

多肉植物 准备工序

多肉植物在种植之前需要修剪根部，修剪后根部长约2~3cm。修剪好后将其放置在常温环境中大约2周。

1. 将苔藓铺在铁丝网上（铁丝网的面积可以根据花环的粗细和大小来调整）。
2. 撒上培养土，也可以加入一些营养剂。
3. 将铁丝网卷起来，用铁丝固定好。
4. 用锥子在上面钻好孔后，将多肉植物种植在上面。

日式风格的
木碗·汤碗

How to make

木碗

木碗比塑料花盆更能衬托出多肉植物的自然美，而且木碗价格低廉，在五元店、十元店就可以购买到。如果将金钱木等多肉植物种植其中，俨然一幅安静祥和的东洋画，美不胜收。

多肉植物：迷你姬月花、金钱木、乙女锦、宇宙木
材料：粗沙、细沙、培养土、装饰石头

1. 在木碗中装入1/3的粗沙作为排水层。
2. 加入培养土后，将乙女锦和宇宙木种入其中。
3. 最后铺上一层细沙，用石头来装饰剩余空间。

Design 姜胜玉 flowershop 花盆

🌸 How to make

1. 在汤碗中装入1/3的粗沙作为排水层。
2. 加入培养土后，先种比较大棵的锦乙女，然后再种其他植物。
3. 最后铺上一层细沙，用石头来装饰剩余空间。

将多肉植物种植在日式汤碗中可以演绎出一种独特的日本风情。而且不仅仅是汤碗，汤碗的盖子也同样可以作为花盆使用。比起拟石莲花属的多肉植物来说，像乙女锦、火祭这样充满东洋韵味的多肉植物更适合这种搭配。

多肉植物：星乙女锦、火祭、迷你姬花月、赤鬼城
材料：粗沙、细沙、培养土、装饰石头

Design 姜胜玉 花之器

简约的
糖稀杯 & 砂盆

How to make

因为多肉植物对水分和养分的需求并不多，所以即使种在小巧的糖稀杯中也不成问题。糖稀杯的杯口与把手线条优美，无需其他装饰也能呈现出一种高雅之感。

多肉植物：雅乐之舞、雷童、碧玉莲
材料：粗沙、细沙、培养土、装饰石头

1. 在杯中装入1/3的粗沙作为排水层。
2. 加入培养土后，种上植物。
3. 铺一层细沙和装饰石头。

Design 姜胜玉 花之器

我们可以将不同大小的皮氏石莲种植在砂盆中。白色的砂盆与淡绿色的皮氏石莲搭配起来，简单却不失美感。

多肉植物：皮氏石莲
材料：粗沙、细沙、培养土、彩色沙土、装饰石头

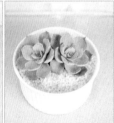

姜胜玉's Tip+

用餐具种植多肉植物时，可以用锤子、钉子、改锥等给其钻孔。（参考90页）
如果不方便钻孔的话，也可以用粗沙来起到排水的作用，总之供水一定要少。这样即使没有漏水孔，植物也可以生存很久。

How to make

1. 在杯中装入1/3的粗沙作为排水层。
2. 加入培养土后，种上植物。
3. 铺一层粗沙和彩色沙土。
4. 最后用装饰石子作为点缀。

Design 姜胜玉 flowershop 花盆

与孩子们一起制作的
"杯装冰激凌蛋糕"

在透明塑料杯中装入彩色沙土便可以让多肉植物变得像冰激凌蛋糕一样诱人。当然还可以搭配出缤纷多彩的水果奶昔，以及香浓的卡布奇诺咖啡。这是一个可以发挥创意的多肉植物种植方法，所以不妨与孩子们一起来尝试一下。

多肉植物：紫雾、虹之玉锦、姬胧月锦、条纹十二卷
材料：粗沙、培养土、彩色沙土、白色石子

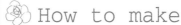

How to make

权文静's Tip+

彩色沙土只是一种装饰，仅凭它并不能养活多肉植物。所以在植物根部所及之处，一定要填满培养土。

1. 倒入彩色沙土，突出层次感。
2. 任意搭配，尽显个性。
3. 装入培养土。
4. 将多肉植物种入其中，最后用白色石子做点缀。

砖块一钻，眼睛一亮
红砖变花器

对于狂热的多肉植物爱好者们来说，只要是有孔的地方就可以用来种植多肉植物，所以就算是砖块他们也不会放过。而且旧式粗糙的红砖与多肉植物搭配在一起也出乎意料的和谐。此外种植方法也很简单。像姬胧月锦、紫雾这样个头大一些的多肉植物单独一组，而像虹之玉锦等小个头的多肉植物则可以多种混合搭配成为一组。

多肉植物：（左）静夜、虹之玉锦、天使之泪、姬胧月锦、星乙女、蒂亚
（右）瓦松、姬胧月锦、紫雾
材料：粗沙、培养土、胶带

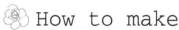

How to make

1. 用胶带或胶布封住砖孔（用锥子在上面戳出一个漏水孔）。
2. 装入1/3的粗沙。
3. 再装入1/3的培养土。
4. 多肉植物种植完毕后，再撒上一层粗沙。

权文静's Tip+

如果看起来有些单调的话，也可以用干树枝和干果简单地装饰一下。其实一个小的点缀就可以让自然的感觉放大无数倍。

摩登又自然的
帽子花盆

编织帽不仅不易变形，而且通风渗水良好，十分适合用于种植多肉植物。
而且编织帽既有田园魅力，又有都市的感觉，魅力非凡。

多肉植物：范女王、新玉坠、紫雾、静夜、姬胧月锦
材料：石头、粗沙、培养土、塑料布

How to make

1. 为了防止漏水，在帽子里铺上一张塑料或者保鲜膜。
2. 放入鹅卵石或碎石，既能增加帽子的重量感，又能作为花盆的排水层。
3. 用粗沙将石头的缝隙填满。
4. 装入培养土。
5. 将大棵的范女王种在后面，将枝繁叶茂的新玉坠种在前面。
6. 剩余空间用其他多肉植物来点缀。

Writing

Design　权文静　权文静花店
　　　　金敏英、金允熙　花艺工作室
　　　　李英善　英善园艺工作室
　　　　林智妍　芳草花园

多肉达人
组盆创意大公开

令人拍手称绝的多肉庭院 Gardening

双重搭配的秘密
圆形玻璃花盆

干树皮虽然能够呈现出独特的自然气息，但极易吸水，所以并不适合直接用来种植多肉。我们可以利用2个玻璃花盆将多肉植物与干树皮分离开。在玻璃花盆中种上枝叶繁茂的雨心，自然气息将更加浓郁。

多肉植物：白蜡、虹之玉锦、武雄、雨心
材料：树皮、粗沙、培养土、彩色沙土、园艺火山石

How to make

李英善's Tip+

夏天可以用水晶泥（含有水分和营养的人工土壤）代替干树皮。水晶泥颜色多样，形状多变，具有极佳的装饰效果，但水晶泥含水较多，使用时也需要利用两层玻璃容器隔离。

1. 将2个不同大小的玻璃花盆套在一起，外面一圈放入干树皮。
2. 中间倒入粗沙作为排水层。
3. 将混有粗沙的培养土倒入两个玻璃花盆中。
4. 多肉植物种植完毕后，用白沙与火山石稍作点缀。

一种方法，营造不同意境
盘景·木箱庭院

How to make

Dish garden译成中文为盘景，也就是在盘子等餐具中种植植物。因为盘子等餐具没有排水孔，所以适合种植比较耐干旱的多肉植物。但，即便没有排水孔也要有排水层。

多肉植物：绿翡翠、景天、金景天
材料：粗沙、培养土、彩色碎石、彩色沙土、装饰石子（大）

1. 铺好粗沙后，先放入体积比较大的装饰石子。
2. 铺上培养土，盘子两边用彩色碎石装饰。
3. 将绿翡翠种入其中，呈水波状。
4. 装饰石子的另一端种上景天，并用白沙作点缀。

Design 李英善 英善园艺工作室

🌹 How to make

1. 装入1/3的粗沙和1/3的培养土。
2. 将天然石子放进去。
3. 从大棵的多肉植物开始种。
4. 小棵的多肉植物种在靠前的位置，最后用彩色沙土作装饰。

我们可以利用木箱呈现出植物在岩石中顽强生长的感觉。多肉植物也要尽量选择具有野生感觉的品种。切记，不要种得太满，因为留出一些空白反而更有意境。

多肉植物：星美人、赤鬼城、春梦殿锦、千代田锦、白蜡、唐印
材料：粗沙、培养土、天然石子、彩色沙土

Design 李英善 英善 gardening school&academy

妙趣横生的
多肉花园

我们可以通过在木质花盆中种植各种多肉为孩子们打造一片属于他们自己的多肉花园。从虹之玉锦到大卫，相信大小、颜色各不相同的多肉植物一定会激发起他们无限的好奇心与想象力。如果再加上篱笆以及玩偶就更加妙趣横生了。

多肉植物：女雏、虹之玉锦、厚叶旭鹤、大卫、酥皮鸭、武雄、树状石莲、双色莲、红梅花
材料：鹅卵石、粗沙、培养土、钵底石、彩色碎石、秫秸、人偶、椅子装饰

林智妍's Tip+

在大花盆中种植多肉植物时，可以先用粗沙堆出几个小斜坡。这样棵大根长的多肉植物可以种在泥土较厚的斜坡上，而棵小根短的多肉植物则可以种在坡下泥土较少的地方。如此高低错落的设计会使多肉花园显得更加逼真。

Design 林智妍 芳草花园

奢华的极致 多肉庭院

只需一只别致的纯色方形花盆，就能打造出一间华丽的多肉庭院。当然，在开始动工之前，一定要在纸上设计好蓝图！

首先，我们需要用钵底石和木炭搭出排水层，然后用粗沙和培养土在花盆中堆出高低不同的斜坡。其中鹅卵石和装饰石子不仅具有装饰效果，还能够起到固定植物根部的作用。

多肉植物：仙女之舞、天使之泪、红稚儿、月兔耳、群雀、雅乐之舞、蒂亚、迷你姬花月、青星美人、美丽莲、七福神、魅影 （*Graptoveria* ghosty）、红梅花

材料：鹅卵石、培养土、钵底石、装饰石子、彩色碎石

林智妍's Tip+

在种植多种多肉植物的时候，你一定会为选择什么样的多肉植物而烦恼吧？种植同一属（拟石莲花属、景天属等）的植物，由于习性相近，管理起来自然方便。

反之，如果将不同属的多肉植物组合起来，颜色变化、开花时间、休眠期等会存在差异。甚至会出现一边绿意盎然，一边已经凋谢的现象。但真正的多肉植物高手们喜欢的不正是这种自然的感觉吗？

Design 权文静 权文静花店

开花会更美的**单品种多肉庭院**

多肉植物小蓝衣以花色艳丽而闻名，所以比起组合种植，单独种植更能体现其美感。并且种植时无需过多修饰，顺其自然即可。还可以加入树枝作为装饰。树枝与花盆搭配起来相得益彰，同时还能突显小蓝衣作为群生植物的魅力，可谓一石二鸟。

多肉植物：小蓝衣
材料：钵底石、粗沙、培养土、木头、火山石、装饰石子

权文静's Tip+

下面来欣赏一下小蓝衣开出的花吧！
小蓝衣一般在6月左右开花，花枝纤长，花蕾鲜红，而花瓣呈深黄色。颜色艳丽，十分喜人。小蓝衣性喜干，最好放在干燥且通风良好的地方。

Design 金敏英 金允熙 花艺工作室

小鸭子会跑来跑去的
童趣庭院

多肉植物形态各异、娇小玲珑，十分适合于微缩庭院设计。而且多肉植物的颜色会随着四季的更迭而变化，生动有趣。设计童趣庭院最关键的一点就在于既要突出重点，又要整体和谐。所以只有高矮、长短搭配种植，才能呈现出对比的美感。

多肉植物：千代田之松、新玉坠、五十铃玉、银月、普诺莎、碧玉莲、黑法师、白檀仙人掌、白桃扇
材料：钵底石、粗沙、培养土、彩色沙土、天然石子、鸭子模型、小花盆、迷你铝桶

敏英&允熙 Tip+

你一定很想知道打造童趣庭院的先后顺序吧？首先，我们需要确定好主题。然后再根据主题选定植物和装饰用品。材料选好后，则需要先在A4纸上画出设计图。虽然不用像图纸那么精细，但还是需要用彩笔画出大概轮廓。画好设计图后，便可以开始动工了，先种大棵的植物，然后是小棵的植物，最后再搭配装饰用品。

Part 2.
最简单的
多肉植物种植方法

从菜鸟到种植高手

从多肉植物挑选、种植到管理……
瑞山多肉植物农场场主的经验之谈。
帮你解开所有疑问！

为初学者准备的
基础知识

多肉植物
栽培法

从外观和习性进行判断
各类多肉植物的管理方法

Writing

元钟姬

本章介绍了种植多肉植物所需的基本技巧，
包括多肉植物与花器的挑选方法，
以及多肉植物的繁殖。

IV

为初学者准备的
基础知识

快快现身! 基本工具介绍

种植多肉植物时需要的基本工具

这些工具中有一部分在日常生活中经常用到，而另一部分则可以在花店中购买。

剪刀

用手柄比较长的剪刀修剪植物更为合适。

镊子

用于修剪花叶、捉虫，前端圆一些的镊子比较适合。

刷子

栽种和修剪花叶时使用。使用时一定要小心。

花铲

虽然一柄勉强够用，但如果条件允许，最好还是购置3柄款式不同的花铲。

小勺子

冰激凌勺即可。将多肉植物种植在迷你小花盆中时必不可少。

箱子

土壤配比、移栽植物时使用，没有缝隙的泡沫箱也可以！

网格

用于堵住花盆的漏水孔。使用时剪成适当大小，铺在漏水孔上即可。

铁丝

固定多肉植物的根茎时使用。

手套

移栽多肉植物或杀虫时使用。

最适合多肉植物生长的**配土**

如果泥土配比不当，植物就很难扎根，进而还会影响到长势与开花等情况。对于所有植物来说根部尤为重要，所以一定要注意泥土的通风性。尽可能使用经过杀毒灭菌的泥土。这样就无需担心害虫的问题了。

泥土的种类

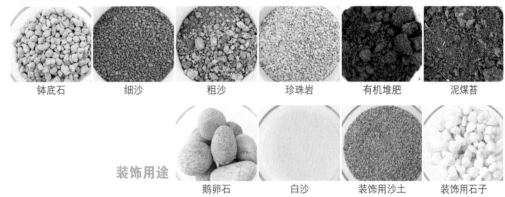

钵底石	细沙	粗沙	珍珠岩	有机堆肥	泥煤苔

装饰用途

鹅卵石	白沙	装饰用沙土	装饰用石子

Tip + 使用加工土壤

多孔陶瓷土	赤玉土	鹿沼土

加工土壤虽然价格偏贵，但渗水性极好，且不用担心杀菌问题。
使用时可将加工土与堆肥按照 8:2 的比例进行混合。

Tip + 制作培养土

一般我们可以在花店或者网店购买到培养土。有条件的情况下，我们也可以自己动手制作。下面我们就来为多肉植物量身打造一款培养土吧！
首先需要准备好细沙、粗沙、珍珠岩以及有机堆肥。如果以 10 为标准，那么细沙：粗沙：珍珠岩：堆肥的比例为 3:3:2:2。

* 如果不想让多肉植物长得很大棵，那么可以去掉堆肥。此外还可以在培养土中加入少量土壤杀虫剂。

沙中往往掺杂了很多沙土粉末，所以在使用前最好先洗一洗。然而如果在水池中直接洗的话，沙土粉末的沉淀物很容易堵住下水口。所以一定要先在大盆中清洗，且清洗完毕之后不要直接将水倒掉。静置几个小时，待粉末完全沉淀后，再将水和沉淀物分别倒掉。

多肉植物的**挑选法则**

种植多肉植物时，我们既可以直接从花店中购买成品，也可以购买种子亲自培育。相比而言，后者更经济，也更有乐趣。特别是对于初学者而言，最好先购买种子，学习培育要领，然后再增加涉猎品种。

🏵 一定要确认的内容

• 疯长问题

这是栽培多肉时一定要留意的问题。例如，下端的叶片是否外翻，叶片与叶片之间的间隔是否过大等。该类问题一般是由于光照不充足引起的。植物长得不规整会妨碍生长，所以要多观察。

• 虫害问题

一定要确认是否有虫子！

因为如果将带有虫子的植物带回家，家中其他植物也会深受其害。

• 病害问题

植物是否生病，一定要从叶子到根部一一确认。

• 卷曲倾斜问题

在选择根茎较短的多肉植物时，一定不要选择那种叶片卷曲或者倾斜的。因为要让其恢复正常，需要花费很长时间。最好一开始就选择那种叶片饱满且端正的。

• 根茎问题

一定要选择根茎结实的。相比那些根茎纤细的多肉植物，还是结实一些的生命力更强。

• 形状问题

虽然每个人的审美不尽相同，但随着经验的增加，多肉植物爱好者一般都会更加偏好那些形状独特的植物。

Tip ✚ 给初学者的建议！

以前购买多肉植物时必须通过网络，但近年来多肉植物专卖店开始出现，所以我们不妨到专卖店中直接挑选购买。直接购买的好处在于我们可以实地观察店中的采光情况，从而买到更为健康的多肉。

对于初学者来说，建议您先不要购买进口的或太昂贵的品种。因为这样一来，一旦植物死去带来的就不仅仅是经济损失了，甚至还会打击到您种植多肉植物的积极性。特别是名贵的进口品种，虽然最初价格很高，但随着国内繁育的增多，价格下跌得很快。即便您有很喜欢的品种也要忍耐，等您具备了一定的基础知识后再入手也不晚。

多肉花器的搭配法则

种植多肉植物时，对所用的花器并没有太多要求，和植物搭配起来和谐即可。只要发挥想象力，相信就算是破裂的花器，我们也能让它重新焕发光彩。而且尽可能选择那些百看不厌的花器，千万不要盲目地随大流。

一定要确认的内容

• 花器与漏水孔大小的比较
虽然没有漏水孔的花器也可以用来种植多肉植物，但是还是有漏水孔的花器更有利于多肉植物根部的生长。所以如果花盆没有漏水孔，一定要自己钻一个。如果漏水孔太小，也要尽量钻大一些。

• 花器底部
如果花器换气不好，自然会影响到植物根部的生长。所以尽可能选择那些有腿的花盆。

• 上釉与否
一般进口的陶瓷花盆内部也会上釉。虽然上釉与否对种植多肉没有太大的影响，但是从我个人的经验来讲，还是种植在无釉花盆中的多肉生长得更好一些。

• 花器形状
如果多肉植物属于华丽型的，那么选择比较朴素的花器较为适合；如果多肉植物属于比较端庄的，那么亮丽一点的花器更为适合。
而对于左图这种不规则型的多肉植物来说，搭配瓶身较长的花盆更能体现出其形态美。

• 花盆颜色
花盆一般选用与多肉植物颜色同色或者互为补色的。如果植物颜色较深，则选用浅色花盆；如果植物颜色较浅，则选用颜色较深的花盆。

• 花器大小
花器大一些的话，因为土壤、水分、营养等都更为充足，所以植物长势会很好。反之，花器小一些的话，植物会长得慢一些，但后者更有利于长时间维持植物原来的样子。不论是想让植物长得快还是慢，花器的体积为植物体积的 2 倍时都是最合适的。

万无一失的 **多肉植物基本种植方法**

选好植物和花器后，就可以开始学习种植方法了。请按照以下图示认真学习。也许你选择的花盆和下图中的略有出入，但只要比例正确就没有问题。

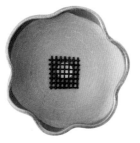

1. 用网格将漏水孔堵住。

2. 在花盆底端铺上一些粗大的钵底石，一可以加强花盆的渗水能力，二可以防止泥土流失。

3. 加入粗沙。

4. 剩余 2/3 的空间全部倒入加工土壤（见 85 页，可用培养土代替）。

5. 种植多肉植物。比起直接种在正中央来说，稍微向外挪一些看起来会更有感觉。

6. 最后铺上粗沙，加上贝壳等作为装饰。粗沙不仅可以起到固定土壤和肥料的作用，同时还可以凸显花器的美观。

打孔，碰！
给旧蜂蜜坛子和
旧杯子打孔的技巧

我们也可以利用日常生活中用到的陶瓷器皿来制作花盆。这样即便我们不特意购买也可以拥有自己的独特花器了。特别是以前使用的瓮器十分适合用来种植多肉。而且只要在底部打一个漏水孔即可。下面我们就来学习一下元钟姬的打孔技巧吧。

1. 准备一个瓷罐。

2. 在底部横竖各贴一张胶带，可以防止瓷片四处飞溅。

3. 同理，在内部也横竖各贴一张胶带。

4. 一定要将瓷罐放在塑料泡沫上再打孔。这样可以减少对罐身的冲击,防止瓷罐破裂。

5. 固定好混凝土钉，轻轻地一点点地给罐底打孔。按照罐子的大小调整漏水孔的大小。

6. 将胶带撕去，大功告成！

成品

紫心

在瓷碗和杯中
种植多肉植物

有一些碗虽然不用了，但却舍不得扔掉，还有一些成套的杯子，因为打碎了其中一只而失去了用武之地。我们不妨将它们再利用。怎么样？漂亮吧！

马上看一看身边有没有可利用起来的碗或者杯子吧。有裂缝的砂锅或者小的瓷罐都可以用来种植多肉植物。

乔伊斯·塔洛克

本章中介绍了很多多肉植物的种植技巧。从如何浇水，到如何给花换盆、剪枝、杀虫等等，都是种植多肉植物时必须了解的内容。

Writing

元钟姬

多肉植物比其他植物更易于繁殖，这点您肯定也早有耳闻吧？所以本章中还为您介绍了三种多肉植物的繁殖方法。相信过不了多久您就可以将自己繁育出来的多肉植物作为礼物送给邻居和朋友们了。

期待着所有人都爱上多肉植物的那一天……

多肉植物栽培法

温暖的阳光下光线 · 温度的调节

养过多肉植物的人都知道"阳光就是多肉植物的养料",由此可见阳光对于多肉植物有多重要。所以我们应该将多肉植物放在家中光线最充足的地方,每天至少保证 4 小时以上的日照时间。如果花叶蜷缩,那就是光线不足的信号了。

❀ 各季节光线温度调节技巧

生长最佳时期 —— 春天（3~5 月）

多肉植物冬天缺少光照,所以一到春天就将其放在阳光下很容易被灼伤。事实上,比起烈日炎炎的夏日,多肉植物更容易在春冬过渡期受伤。反之,气温骤然下降的时候,多肉植物也很容易被冻伤。

如果多肉植物被灼伤,至少需要 1 年以上的时间才能彻底恢复,所以,长期放置在阴凉处的多肉植物一定要选择阴天的时候拿出来放在阳台上,或者早晨、傍晚时拿出来,适应 5 天左右再放到大太阳下。如果家中的多肉植物很多,可以安装遮光膜,这样可以使光线强度降低 30%。如果植物需要浇水,下春雨的时候摆放出来也可以。

对于大部分多肉植物来说,春天是最佳的生长时期,所以如果想要多肉植物快些长大,尤其要注意这期间水分以及温度的调节。

躲避梅雨季节的方法 —— 夏天（6~8 月）

梅雨季节不仅阳光不足,温度还很高,对于植物来说,是四季当中最难度过的一段时间。在梅雨季节来临之前,一定要保证花盆土壤的干燥,并且要谨慎浇水。要想植物顺利挺过这段难熬的梅雨季节,就必须注意通风和湿度的问题。如果是在阳台等室内养殖,最好利用风扇、换风机等加速空气循环,温度最好不要超过 35℃。

阳光充足的日子再将它们搬出来晒太阳。虽然直接照射也可以,但使用遮光 30% 的遮光膜更为安全。

秋天是多肉植物变红的最佳时间，因为不论是温度还是光照都相当适宜。不仅早晚温差大，阳光也充足。由于多肉植物变色没有特定的规律，所以即便是同种类的多肉植物也会呈现出完全不同的样子，新奇且喜人。因此对于多肉植物迷们来说，秋天是最有成就感的。

多肉植物梦幻的颜色变化，请参见 107 页。

记住 0℃分界线——冬季（11~12 月）

冬季我们要将多肉植物搬到室内，而且一定要在气温降到 0℃ 以前。但太早搬进室内，也会影响植物的变色效果。如果放在阳台上就不用担心了，植物变色会从秋天一直持续到冬天，而且，在气温没有降到零度以下的情况下完全不用搬到室内。

当然，如果从初秋开始便放在冷处，有些品种也可以抵御 0℃ 以下的低温。但是大多数还是要维持在 0℃ 以上，否则就会被冻伤。

放在室内则不然。因为孩子们要在室内活动，所以冬天室内温度一般会很高，这时就要通过浇水的方法来给植物降温了。夏天炎热，浇水周期一般很长，但冬天室内光线弱、温度高，所以需要经常浇水。这样才能保障植物健康生长。

很多多肉植物迷们都会为多肉冬天无法得到充足的光照而忧心忡忡，但这何尝不是一个给植物塑形的好机会？在构想好多肉的造型后，将需要叶子伸展出去的一边放在阳光充足的地方，不需要的一边放在阳光较少的地方即可。这就是给植物塑形的要领。

不要再为浇水而发愁 浇水的要领

🌸 如何浇水，好想知道！

"多肉植物几天浇一次水？"

这是造访多肉农场的客人们问得最多的问题。但家家户户湿度、光线、通风等条件都不同，所以很难给出一个统一的答案。唯一能够确定的就是"等花盆中的土壤完全干燥之后"。

但这也不是一件容易做到的事情。

因为多肉是生长在干燥环境中的植物。就算花盆表面的土壤干了，也最好再等上 5~7 天才能浇水。

就我个人的经验来说，"多肉植物需要水时一般会发出讯号"。

1. 多肉植物下方部位的叶子卷曲或变软，就表示需要浇水了。切记，那些表面有白色粉末的品种不要用手触摸。因为这些粉末一旦脱落很难再生。
2. 叶子向中间靠拢也是植物缺水的信号。因为缺少水分时，叶子总是会向中间蜷缩。

"一次要浇多少水？"

浇水一定要充足，最好能够从花盆底部渗出来。如从上面给花浇水，水很容易停留在花叶中间，掉不下去。阳光通过水滴照射到花叶上很容易使叶片灼伤，所以浇水完毕后一定要用嘴或者吸管将这些水滴吹掉。

"花茎上长出细小的根须"

有时花茎上会长出细小的根须。这是根部无法吸收水分造成的。首先我们需要确认花茎是否健康，如不健康则需要缩短浇水的周期。

"听说有时候不能给多肉植物浇水？"

因为多肉植物需要在干燥的环境中生存，所以雨季时一定要将多肉植物搬到室内并断水。而气温低于0℃时，多肉植物很容易被冻伤，同样也要断水。

下面我们来看一下各季节的浇水方法。

❀ 各季节的浇水技巧

就算经常浇水，叶子也不会变软 —— 春天（3~5月）

当气温恒定在零上时便可以开始给多肉植物浇水了。冬天土壤已经干透，所以补水一定要充足。如果叶子卷曲得很厉害，也可以直接将其泡在水里。多肉植物一年中50%的生长是在春天完成的，所以春天是多肉植物生长的最佳时节。只要通风良好，就算经常浇水，多肉植物的叶子也不会变软。但记住，一定要在傍晚给花浇水。因为白天植物根部温度很高，如果浇水的话湿度也会上升，叶子很容易变软。而且白天光线通过水滴照射在叶子上，很容易使叶子灼伤。

强忍着不给花浇水 —— 夏天（6~8月）

夏天给多肉浇水，叶子很容易就会变软，所以一定要慎重。而且夏天多肉植物大多处于休眠期，生长缓慢，因此浇水的周期至少要是春天的两倍。

特别是雨季来临时，早在一周之前就要给多肉植物断水。然而对于多肉植物迷们来说，不能给心爱的植物浇水是一件万分痛苦的事情。所以在他们中间还流传着这样一个笑话，"拧着自己的大腿强忍着不给多肉浇水"。因为浇水只能让叶子变软并逐渐死掉，因此需要断水时必须要断！夏季浇水的时间与春天一样，一定要在晚上（下午5点以后）。而白天高温的情况下万万不能浇水。

与春天一样 —— 秋天（9~10月）

当秋风瑟瑟时，我们就可以像春天那样增加浇水的次数与浇水量了。

早晨浇水——冬天（11~2月）

冬天要在早晨浇水。因为晚上浇水，多肉们很容易被冻伤。而且要格外注意室内外温度。当外部气温保持在0℃以下、室内（阳台等）夜间气温在10℃以下时就要停止浇水。但如果室内气温在10℃以上，秋天那样经常给花浇水也并无大碍。有些多肉植物需要放在阴暗处过冬。然而放在阴暗处的植物，如果不浇水叶子就会快速缩小，花茎也会变得无力。这时，如果植物下部的叶子脱落，就必须要给植物浇水。也有部分多肉植物在冬天生长，需要每月浇一次水。最好选择一个月当中天气较好的那一天来给它们浇水。

Tip + 需要特别注意的多肉植物

——不能经常浇水的多肉植物
　静夜、福娘、初恋
——必须经常浇水的多肉植物 小松绿

图片从左到右依次为静夜、福娘、初恋、小松绿

光彩照人　生机勃勃 施肥与修剪

🌸 施肥

多肉植物仅靠底肥就能得到充足的营养。而格外添加营养剂（肥料）能让植物长得更茁壮，或者培育盆栽。目前市场上有专门用于多肉的浓缩液体肥，肥效持久。用于观叶植物、观花植物等的棒状缓释肥和颗粒控释肥也适用于多肉植物。

颗粒状肥料只有在浇水时才会溶化并渗入土壤中，所以不用担心过量的问题。反之，如果使用溶液肥料的话，一定要充分稀释。因为肥料供给过多，植物会不受控制地疯长。

🌸 修剪

多肉植物由于叶子很多，所以很容易看起来杂乱无章。而修剪枝叶就像理发一样，能够让多肉植物变得干净清爽，焕然一新。

由于摘叶子时容易弄断植物的茎，所以一定要固定好花茎。摘下来的叶子还可以用来繁殖，因此摘的时候要格外留意，不要伤到任何花叶或花茎。

修剪花茎时一定要挑那些木质化的、相对硬一些的部分。如果我们连很软的部分也剪掉了，花茎就会越变越细。

对于那些位置长得不太好的茎叶，既可以用铁丝来改变其生长方向，也可以用剪刀将其直接剪掉。

空间过小　拥挤不堪 **移盆**

多肉植物长大后花盆就会显得有些小，这时需要给它们换盆。换盆每 2 年一次，春天或者秋天进行。同时还可以换土和补充肥料。换盆的原理与多肉植物种植原理大致相同。此外，我们还可以在换盆时给多肉植物塑形，具体请参考 100 页的有关内容。

1. 首先要用锥子戳一下底部，再用手敲一下四周，最后将植物斜着取出来。

2. 如果根部过长可以减去一点。

3. 按照植物根部长短决定种植顺序，先种长的。

Tip + 换土

给植物换土时一定要把之前的土壤先清理干净。例如，之前一直种植在普通土壤中，现在要移到培养土中，那么就必须将之前的普通土壤完全去除。因为如果之前的土壤去除不干净，植物很难在新土壤中扎根。

优雅端庄的 树形风姿

🌵 什么是树形

树形是指植物向四方弯曲生长所形成的状态。很多人都说"多肉植物的美就在于树形"。树形是自然的产物，不是一两天内就能形成的，所以显得更加弥足珍贵。

虽然树形是自然形成，但植物都有向阳性，所以为使树形更完美，也可以采取一些措施。下面就来给大家介绍一下树形塑造法。

树形 ×　　树形 ○

大部分的多肉植物在向阳性的作用下都会笔直地向上生长。

所以我们在种植多肉时可将其根部在盆器中倾斜过来。

这样在光的照射下，植物就会自然地弯曲（有时也可以利用盆栽铁丝作为辅助）。

利用石头或者支架固定植物的根茎。

植物形成树形后如何种植？

准备材料：姬胧月（形成树形的和没有形成树形的）、培养土、粗沙、细沙、铁丝、盆栽铁丝网、盆栽铁丝、细高的花盆

1. 将形成树形的多肉植物种在前面（如果根部很难固定，可以使用盆栽铁丝作为辅助）。

2. 将没有形成树形的多肉植物种在后面。

3. 当植物在花盆中彻底扎根后便可以进行修剪了，作品完成！

✿ 拥有完美树形的多肉植物

仙人之舞

特玉莲

久米里

乙姬牡丹

铭月

小玉

百战百胜**病虫害管理**

多肉植物有时会受到病虫害的困扰。那么植物中的虫子是从哪里来的呢？其中大部分是购入新植物时带来的，当然也有一部分是由土壤中的虫卵孵化而来。病虫害很难根除，所以预防很重要。将植物从室外搬入室内前的 3~4 天必须喷洒杀虫剂。

下面我们来一起分析一下多肉植物的主要病因。

✿ 困扰多肉植物的害虫们

用药之前一定要确认好害虫的种类。不要把所有小虫子都当做蚜虫来处理，这样就算用药也不会起到太大的作用。

介壳虫和绵蚧虫

症状：白色，像粉末一样覆盖在叶子表面。靠吸食植物嫩叶的汁液为生，导致植物死亡。

处方：喷洒介壳虫专用溶液杀虫剂。喷洒后叶子上会出现白色的斑点，用水冲洗掉即可。叶子的正面、反面，深入土壤中的根部都要喷洒。因为介壳虫会藏在泥土中卷土重来。

螨虫

症状：螨虫是一种会织网的小虫子。主要侵蚀植物的生长点。

处方：使用粉末状螨虫专用杀虫药。这种药需要用水冲兑，药效消失很快，所以一次不要使用太多。只要将植物浸湿即可。

青虫和毛毛虫

症状：青虫是蝴蝶的幼虫，毛毛虫是蛾子的幼虫。因为两者都会吞食花叶，所以一经发现就要及时处理。

处方：发现后立刻喷洒杀虫剂。特别是毛毛虫很可能藏在土壤中，所以一定要仔细翻找。阻止蝴蝶靠近植物也是预防该虫害的方法之一。不要将植物直接放在地上，最后利用架子将植物置于空中。

蜗牛

症状：蜗牛吞食花叶，所到之处会留下黏液，所以很容易发现。

处方：我们可以在花店中购买蜗牛诱引剂。蜗牛一般在晚上活动，所以诱引剂要在晚上使用，而白天只要将引诱出来的蜗牛移走即可。不要放过任何一个角落，花盆底部也要仔细检查。

❀ 平时也要多加注意的病害

灰霉病

症状：灰色霉斑，多发生在被蜗牛侵蚀过的叶子上。叶子被害虫侵蚀后，汁液会流到外面，湿度过大就会产生霉变。特别是通风不好的地方，更容易发生这种病害。

处方：叶子发生霉变后要马上掰掉，而且周围也要喷上杀虫剂。如果霉斑已经蔓延到植物的生长点，植物十有八九还是会死掉。

烟霉病

症状：像阴影一样黑黑的一块，其实是介壳虫的排泄物。

处方：喷洒去除介壳虫的专用杀虫剂。

软腐病

症状：不分季节都会发生的病害。大多是因为浇水过多，或者花盆排水不好。

处方：叶子变软时尽可能不要浇水。仔细确认花盆的排水情况，如果排水不通畅可以给其换盆。

茎腐病

症状：根茎腐烂变黑，大多是因为换盆时感染了细菌。属于急性病害。

处方：虽然也可以直接喷洒杀虫剂，但最好还是先将变黑的部分去掉，然后重新栽种。果断地去除患处，将根茎晾干后重新种在花盆中。

Tip✛ 用药时必须注意

杀虫剂在花店一般都能购买到。一定要严格遵照说明书中标注的用量使用。并不是浓度越高，效果就越好，浓度过高反而会伤及植物。

最近还有很多食用植物农药问世，据说这些农药会自然分解，而且不会残留。像这样的环保型农药使用后几天药效就会自然消失，所以切记一次不要使用过多。

在使用喷雾式（罐装农药）农药时，一定要距离植物 30cm 以上。因为喷雾本身含有冷却成分，会冻伤植物。

扦插最简单 多肉植物的繁殖

🌸 各式各样的多肉繁殖方法

多肉植物的繁殖十分简单。只要将花叶或者花茎插在土壤中就能快速生出新芽，让人欢喜不已。多肉植物繁殖不仅时间短，而且成功率极高。主要的繁殖方法有叶插法、茎插法插木法、播种法等。还有像"落地生根"这种直接从叶子（或根茎）上长出幼芽的植物。

叶插法：将叶子插入土中进行繁殖的方法。操作简单，成活率高。
茎插法：将植物茎部插入土中进行繁殖的方法。多肉植物使用茎插法繁育，成活率在 90% 以上。
播种法：通过播撒种子进行繁殖的方法。

🌸 叶插繁殖

多肉植物的生长点在花叶与花茎连接的部位，所以即使单独摘下一片叶子，也可以长出根部，生出新芽。要想使用叶插法繁殖，必须尽可能不伤到花茎和花叶。
摘下来的叶子要放在比较阴凉的地方晾干。经过一周左右便可以种植，等到生根发芽后再种也不晚。
长出新芽后开始浇水。繁殖出来的小棵植物所需水量是正常多肉植物的两倍。

当然，将植物直接放在地上自然风干也是可以的。只不过比放在阴凉处繁殖得稍微慢一些。很多初次接触多肉植物的爱好者看到叶子上长出的新芽都会大吃一惊，但这就是叶插法。怎么样，简单吧？有些人会给晾晒的叶子浇水，但这样只会使叶子变软，所以万万不可。

最容易繁殖的季节是春季和秋季。因为夏冬两季多肉植物的叶片较软，成功率不高。

下面我们就通过图片来学习一下叶插法吧。

1. 用笔在花盆中开出一道沟，以利于将叶片插入土中。
2. 将晾干的叶片直接放在上面，并简单地盖上一些土。
3. 图三是植物发芽时的样子。
* 将没能插入土壤中的叶子小心地种好。

茎插繁殖

茎插法和树木扦插法基本相同。只是插入土壤中的是枝条而已。枝条需要在阴凉处晾晒1周左右的时间，也可以等到枝条生根后再种植。但晾晒时枝条一定要摆成直线，这样繁殖出来的植物才能长得笔直。将枝条种到花盆后，先不要浇水，将其放在阴凉处静置4~7天，然后搬到有阳光的地方。浇水则需要等到10天以后。

茎插法

1. 确定好要用于茎插的部分。
2. 用消毒（利用打火机或者炉火）过的刀将枝条切下来。如果刀没有消毒，枝条很容易感染病毒，所以一定要多加注意。由于使用剪刀会压到枝条，所以失败率很高。
3. 晾晒1周左右的时间，等待枝条生根。
4. 将枝条种植到土壤中。

多肉植物切掉部分茎部后，叶子中间会长出新芽，这会使多肉植物变得更茂盛。所以切掉茎部并不仅仅是为了繁殖，同时也是为了多肉植物能生长得更好。堪称一石二鸟。

Tip✤ 新芽的样子很奇怪

有时一片叶子上长出很多新芽。园艺术语称之为群生。有时生长点出现问题，还会长出像蝴蝶结一样的叶子，这种现象被称为"缀化"。群生和缀化反而让多肉显得更加漂亮。

（参考128页变种多肉植物）

哎！尝试了叶插的方法，但是只生根不发芽。这很有可能是摘叶子时伤到了生长点。或者该品种原本就不适合使用叶插法来进行繁殖。（参考108页 各类型特征）

🌸 播种繁殖

多肉植物的种子很小，有的甚至像粉末一样细，所以不能直接种在土中。需要用细沙土混合蛭石做成培养土来种植。首先要将种子撒在培养土上，然后在上面撒上一层蛭石。这是因为蛭石较轻，方便植物发芽后破土而出。

撒完籽后马上浇水，多肉植物的种子会随着水流得到处都是。所以我们要使用浸盆法（将花盆放在一个比花盆更大的盆中，从下向上吸水）。

新芽分叶之前，一定不能让花盆中的土壤变干。分叶之后，花盆上方的土壤干燥后才能浇水。播种繁殖最好在春天或者初秋进行，尽量避免盛夏和寒冬！

Tip ✛ 听说过叶尖上长出来的"新芽"吗？

与以上繁殖方法不同，有的多肉植物会自己长出新芽来。这些新芽就像喇叭一样立在原来的叶子上。幼芽繁殖的代表有伽蓝菜属的落地生根、锦蝶、蝴蝶之舞锦等。
繁殖方法十分简单。
只要将幼芽种在土壤中即可。然而蝴蝶之舞锦很特别，需要将叶子摘下来插在土中，叶尖才会生出幼芽。我曾听说幼芽泡在水里繁殖效果会更好，由于我没有实践过，所以不敢妄下判断。但可以肯定的是，茎插法是奏效的。
在繁殖这些品种的多肉植物时，所需水量是平时的两倍。特别需要注意的是，这些多肉植物的繁殖能力很强，幼芽不仅会掉落在母体所在的花盆中，同时还会掉落到其他花盆里。稍不注意，可能所有花盆都会被其占领。因此要格外留意。

Special

泛起朵朵红晕的你最美!
多肉植物的颜色变化

多肉植物从秋风吹起的那一刻开始变色,一直持续到深秋。所以秋天的多肉植物会呈现出与夏天完全不同的感觉,这就是种植多肉植物的乐趣所在吧。

蒂亚

霜之朝

唐印

虹之玉

全世界的多肉植物多达万余种，常见品种就有三千余种之多。而且新品种每时每刻都在问世，不得不令人叹服。但不要被它的数量吓住。因为就算多肉植物的品种再多，我们依然可以根据它们长相和特征来分类。这就是所谓的属。

下面我们将分属向大家介绍一些常见的多肉植物。种植多肉植物之前，先来了解一下它们的属和名字吧。

Writing

元钟姬

VI

从外观和习性判断
多肉植物的管理方法

人气满分！比花更美的
拟石莲花属
Echeveria

马齿苋科的拟石莲花属多肉植物可谓是多肉植物中最受欢迎的种类之一。拟石莲花属多肉植物大多拥有如莲花一般优雅的体态，品种以及杂交品种繁多，区分起来相当困难。

管理方法
在给拟石莲花属多肉植物浇水时，水珠会聚集在花叶中间闪闪发亮。但如果是在炎炎夏日，阳光则会通过水珠照射到花叶上，从而使叶片灼伤。也就是说，水珠在这里起到了放大镜的作用。所以夏天尽可能不要在早上浇水，即便浇水，也要将水珠吹落。

休眠期
大部分休眠期在夏季。但即便是休眠期，也不会像其他多肉植物那样打蔫或者凋落，所以四季都可以观赏。

繁殖方法
大部分可以通过叶插法进行繁殖。但是像舞会红裙这样的褶皱类多肉植物则需要通过茎插法进行繁殖。

越冬温度
一般品种在 -1℃ ~2℃即可越冬。但叶片褶皱的品种则需要更高的温度，0℃稍显不足，最好保持在 3℃左右。可以放在阳台上越冬。

紫珍珠
Echeveria 'Perle Von Nurnberg'

大红
Echeveria 'Big Red'

蓝鸟
Echeveria 'Blue Bird'

月锦
Echeveria 'Tsukinishiki'

白凤
Echeveria 'Hakuhou'

丸叶红司
Echeveria 'Maruba Benithukasa'

雪莲
Echeveria lauii

紫罗兰女王
Echeveria 'Violet Queen'

冬云
Echeveria 'Ron Evans'

蒂比
Echeveria 'Tippy'

魅惑之宵
Echeveria Dgavoides

芙蓉雪莲
Echeveria 'Laulindsayana'

花筏
Echeveria nayaritensis

静夜
Echeveria Derembergii

舞会红裙
Echeveria 'Party Dress'

舞会红裙
Echeveria 'Candy Wright'

叶尖红彤彤的
景天属
Sedum

景天属品种繁多。既有像树木一样笔直生长的，也有侧向一边生长的。甚至还有开花后香气四溢的。大部分景天属的植物叶尖都会开出黄色或者白色的花。其中乙女心、乙姬牡丹等也是景天属植物，虽然看起来并不像。

管理方法
大部分景天属多肉生长在干燥的环境中，喜干。管理方法与一般的多肉植物相同。只有小松绿与观叶植物一样每 3~4 天浇一次水。

休眠期
景天属的休眠期是夏季。

繁殖方法
虽然也有一部分能够通过叶插法进行繁殖，但大多数还是需要通过茎插法。

越冬温度
虽然景天属大部分能够抵御冬天的严寒。但还是推荐大家将其放置在 3℃以上的环境中。

蒂亚
Sedeveria 'Retizia'

春萌
Sedum 'Alice Evans'

玉珠帘（翡翠景天）
Sedum morganianum

小野玫瑰
Sedum sedoides

五色麒麟草
Sedum spurium tricolor

黄丽
Sedum adolphii

八千代
Sedum corynephyllum

丸叶松绿
Sedum lucidum Obesum

乔伊斯·塔洛克
Sedum 'Joyce Tulloch'

虹之玉锦
Sedum rubrotinctum 'Aurora'

小松绿
Sedum multiceps

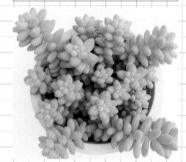

新玉坠
Sedum burrito

虹之玉
Sedum rubroinctum

乙姬牡丹
Sedum clavatum

乙女心
Sedum pachphyllum

乙女心变种
Sedum pachyphyllum cv.

"层峦叠嶂"的
青锁龙属
Crassula

青锁龙属多肉植物在韩国十分常见。由于引进时间较早，所以几乎家家户户都有一两株像姬花月这样的青锁龙属多肉植物。青锁龙属多肉植物以形状颜色多样而著称。

管理方法
青锁龙属多肉植物大致可以分为两类。一种是像姬花月、宇宙木这样从叶到茎都多浆的多肉植物，这类植物储水能力强，所以在泥土全部干掉后再浇水也可以。另一种是像星乙女锦、舞乙女这样塔状生长的多肉植物，只要下面的叶子一卷曲，就说明要浇水了。

休眠期
青锁龙属多肉植物休眠期在冬季，所以冬季几乎不用浇水。

繁殖方法
从叶到茎都多浆的种类可以使用叶插法，而塔状生长的则需要使用茎插法。

越冬温度
越冬温度，从叶到茎都多浆的需要保持在3℃，而塔状生长的保持在0℃即可。

醉斜阳
crassula atropurpurea var.watermeyeri

宇宙木
Crassula 'Gollum'

火祭
Crassula 'Campfire'

姬花月（花月）
Crassula partulacea

星乙女锦
Crassula perforata

舞乙女
Cassula rupestris ssp.marnieriana

神刀
Crassula perfoliata

巴
Crassula hemisphaerica

半球星乙女
Crassula brevifolia

普诺沙
Crassula pruinosa

小米星
Cassula rupestris 'Tom thumb'

红稚儿
Crassula radicans

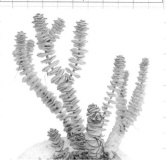

星乙女
Crassula rupestris ssp.

方塔
Crassula 'Buddha's Temple'

玉椿（玉桩）
Crassula barklyi

茜之塔
Crassula capitella

外表柔弱内心坚强的
莲花掌属
Aeonium

我第一次见到莲花掌植物时的感觉是"长得真像雨伞"。因为我最先见到的莲花掌属多肉植物是黑法师与夕映。莲花掌属的植物大多是中间有一根很长的茎，而叶子就长在茎部顶端。所以，莲花掌属多肉植物不仅叶如莲花，树形也很漂亮。

管理方法
大部分的莲花掌属多肉植物都很脆弱，只要稍微碰一下就会受伤。所以一定要格外注意。

休眠期
因为莲花掌属的休眠期在夏季，所以每到夏季它们的样子都会很难看。不过不用担心，只要到了冬天它们便会重新焕发光彩。

繁殖方法
叶插法基本行不通，都要通过茎插法来繁殖。

越冬温度
莲花掌属多肉植物是多肉植物中抗寒性最差的，所以对温度有很高的要求。就算是阳台，也要放在温度高一些、日照好一些的地方。如果气温低于零度，那么莲花掌属多肉植物的叶子就会像被煮熟一样耷拉下来。

黑法师
Aeonium arboreum 'Atropurpureum'

莲花掌
Aeonium arboreum

艳日伞冠
Aeonium arboreum f.variegata

圆叶黑法师
Aeonium arboreum 'Velour'

中斑莲花掌（红边绿芯）
Aeonium urbicum 'sunburst'

中斑连花掌（绿边红芯）
Aeonium urbicum Moonburst

粘莲枝掌
Aeonium viscatum

美丽莲花掌
Aeonium decorum

夕映
Aeonium decorum f. variegata

爱染锦
Aeonium domesticum f.variegata

小人祭
Aeonium sedifolium

Arnoldii（游蝶曲）
Aeonium arnoldii

明镜
Aeonium tabuliforme

黑士（韩文直译）
Aeonium sp.

登天乐
Aeonium lindleyi

香炉盘
Aeonium canariense

丰腴美人
厚叶草属
Pachyphytum

厚叶草属植物的特点是叶片圆润且丰满。在韩国，厚叶草属也被称为"美人属"，因为该属种以美人命名的品种有很多，例如：星美人、桃美人、达摩美人……

管理方法

长得相对整齐且耐干旱。雨季开始前下面的叶子可能会掉落。但是不用担心，因为这是该类多肉植物临近雨季前的自然反应。

休眠期

没有所谓的休眠期，四季都很美丽。不愧是美人吧？

繁殖方法

大部分采用叶插法。

越冬温度

虽然实验结果显示该类多肉植物可以承受 -2℃的低温，但最好还是将其放置在零度以上的环境中。

月美人
Pachyphytum 'Elaine'

京美人
Pchyphytum oviferum 'Kyobijin'

桃美人
Pchyphytum oviferum cv.

青星美人
Pchyphytum 'Doctor Cornelius'

星美人
Pchyphytum oviferum

星美人锦
Pachyphytum oviferum f.variegata

日本星美人
Pachyphytum oviferum 'Hosibijin'

绿景天
Pachyphytum viride

群雀
Pachyphytum hookeri

厚叶草
Pachyphytum bracteosum

Pachyphytum uniflorum

千代田之松
Pachyphytum compactum

千代田之松缀化
Pachyphytum compactum f. cristata

新桃美人
Pachyphytum compactum var. glaucum

稻田姬
Pachyphytum Glutinicaule

紫丽殿
Pachyphytum 'Royal Flush'

激发母爱的
生石花属
Lithops

一定有很多人对生石花属多肉植物一见钟情吧？至今，我还记得第一次见到这些小可爱时那种情不自禁的感觉。生石花属多肉植物小巧玲珑、形态各异，开花后更是艳丽非凡。不同的花纹展现出不同的魅力。

管理方法

比起一般的多肉植物来说，生石花属多肉植物照顾起来稍微有些麻烦。春夏秋冬都要格外留意。春天（3~5月）必须等到泥土全部干燥后再浇水。而在进入6月雨季前又必须停止浇水。雨季结束后，生石花属多肉植物的根部已经基本干枯。这是最好的换盆时机。因为等到开花后再换，操作起来不容易，且生根后再换多肉植物又容易生病。

换盆

首先要给其剪根，大一点的留1cm长的根，小一点的留0.5cm的根。晾晒3天至一周左右的时间后将其种到新土中。对于生石花属多肉植物来说，控制好水分供给十分重要。最好换盆一周之后再浇水。这样经过一个月左右的时间，新根就会长出来。

授粉

换盆后就是植物开花结果的阶段了。这期间要有一个授粉的过程，我们可以选择下午3点左右进行，用刷子粘一株的花粉，涂到另一株的雌芯上即可。我一般会选择颜色相同的花，其实颜色不同也无妨。

休眠期

生石花属多肉植物的休眠期在夏季。

繁殖方式

生石花属靠换盆或者播种进行繁殖。

越冬温度

温度需控制在3℃左右。

橄榄玉
Lithops olivacea

白花黄绿紫勋
Lithops lesliei ssp. *lesliei* v. *lesliei* 'albinica'

红大内玉
Lithops optica acf .'Rubra'

大津绘
Lithops otzeniana sp.

丽红玉
Lithops dorotheae

紫勋
Lithops lesliei

播种

首先准备一些掺有蛭石的沙土，最好没有经过堆肥。然后将沙土倒在花盆中或育种盘上。将春冬采集到的种子在水中泡到脱皮为止，优良的种子会自动沉到水底。当然，购买来的种子不需要进行以上处理。

将种子均匀地播撒在沙土上。采用浸盆法（参见 106 页），将花盆或者育种盘放在一个大盆中，让水从底部被吸收。经过3~7 天后，种子开始发芽，在种子第二次蜕皮之前泥土一定要保持湿润。当种子第二次蜕皮结束后，停止底面灌水。看到花盆或者育种盘上面的土壤干涸后再浇水。第三次蜕皮后按照上面所述的管理方法进行管理。番杏科的其他属，如肉锥花属也采用相同的播种方法。

吹弹可破的
十二卷属
Haworthia

十二卷属多肉植物都是紧贴地面生长，紧紧地环抱在一起。像玉露等品种叶片透明肥硕，颜色独特。然而也有与之完全相反、叶片又尖又硬的品种。

管理方法

十二卷属是多肉植物中唯一需要放在阴凉处养植的。因为对光照没有太多需求，所以可以一直放在室内。而且光线充足时十二卷属的叶片反而会变黑。变黑也没关系，只要重新搬到阴凉处它们就会变回来了。十二卷属不喜湿，所以一定要放在干燥的环境中。

休眠期

与莲花掌属一样，休眠期都在夏季。

繁殖方法

无需采用叶插法，植物自身的便会繁殖出新个体。而且繁殖速度极快。

越冬温度

因为叶子中含水量很高，所以无法承受零度以下的温度。一般需要放置在3℃以上的环境中。

条纹蛇尾兰
Haworthia fasciata（willd.）Haw.

琉璃殿
Haworthia limifolia 'striata'

Haworthia resendiana Poelln.

玉露
Haworthia obtuse

脸搽香粉的
仙女杯属
Dudleya

几乎所有仙女杯属多肉植物叶子上面都有白色的粉末。所以在韩国也被称为粉叶草属。

管理方法
因为仙女杯属多肉植物一般在冬季生长，所以其他季节即使植物没有多大变化也不用过多担心。更不用为其频繁换盆。

休眠期
休眠期在夏季，而生长期在冬季。所以夏天看起来蔫蔫的，但冬天却格外精神。

繁殖方法
由于叶插法不适用于该品种，所以繁殖起来相对困难。仙女杯属植物价格居高不下也是出于这个原因。

越冬温度
因为生长期在冬季，所以温度低一些也无妨。可以将其放在阳台上最冷的地方。虽然仙女杯属可以承受 0℃的低温，但如果气温降到零度以下还是将其搬入室内更好。

雪山
Dudleya pulverulenta

白菊
Dudleya greenei

宽叶仙女杯
Dudleya Brittonii

拇指仙女杯
Dudleya pachyphytum

颜色清爽的
芦荟属
Aloe

芦荟是常见的多肉植物品种之一，常作食用及药用。芦荟属植物长期放在阴凉处，突然见光会变灰或变黑。不过这只是一时的现象，持续光照颜色又会恢复如初。食用时叶片较大的翠叶芦荟、皂角芦荟、木立芦荟比较受欢迎，而作为园艺品种时小棵的芦荟更受追捧。

不夜城芦荟
Aloe mitriformis

木立芦荟
Aloe arborescens

翠叶芦荟
Aloe vera

皂角芦荟
Aloe saponaria

形似王冠的
龙舌兰属
Agave

龙舌兰属与芦荟属一样，都是在日常生活中常见的多肉植物品种。龙舌兰属生命力顽强，在恶劣的环境中也能生长。春秋是龙舌兰属植物的生长时间，冬天是它的休眠期。

笹之雪
Agave victoriae-reginae

姬乱雪
Agave toumeyana

雷神
Agave potatorum

王妃雷神
Agave potatorum 'Minima'

天锦章
Adromischus clavifolius

松虫
Adromischus roaneanus

御所锦
Adromischus maculates

长绳串葫芦
Adromischus filicaulis

长寿花
Kalanchoe blossfeldiana

千兔耳
Kalanchoe millotii

月兔耳
Kalanchoe tomentosa

唐印
Kalanchoe thyrsiflora

小而精悍的
天锦章属
Adromischus

包括天锦章、长绳串葫芦、御所锦等品种，管理方法与大多数多肉植物相同。其中御所锦能够呈现出一种盆栽的效果。冬季生长，夏天休眠。

同族不同样的
伽蓝菜属
Kalanchoe

以花朵艳丽著称的长寿花便是一种伽蓝菜属多肉植物。此外伽蓝菜属中还包括周身覆盖着细小绒毛的月兔耳以及叶子宽大的唐印，虽然是同属植物，但样子却很不一样，对吧？
伽蓝菜属植物喜光，越冬时温度需要保持在10℃以上。冬天放在室内，等到3月左右便会开花。

Special 令人一见钟情的
多肉植物

多肉植物并不是贵的、进口的就一定好。如果光线、供水、温度等控制得当，普通的多肉植物也可以拥有华丽的颜色和迷人的造型。而且如果种植得好，还可以将其作为副业来经营。

那么，下面就来欣赏一下吧！

丽红玉

海啸

乙姬牡丹

小蓝衣

子持白莲

小玉

方塔

天锦章

Echeveria 'Arlie Wright'

舞会红裙

男爵

银月

天女

青星美人

广寒宫

特玉莲

象牙塔

你来自哪个星球！
变种多肉植物（缀化、锦）

缀化

"缀化"是一种多肉植物的畸形变异现象，缀化植物长成扁平的扇形或鸡冠形。缀化是由于生长点出现问题而产生的。多肉植物缀化不仅看起来更华丽，价格也比普通多肉植物更高。

采用叶插法进行繁殖时常常会出现缀化的现象。

如果植物缀化，那真是"中大奖了"。

高砂之翁

秋之霜

石彩莲

Echeveria 'Briar Rose' crest

芙蓉雪莲

千代田之松

理查德

Papazrose

中班莲花掌（红边绿芯）

石莲花和粉彩莲的杂交种

Tip + "锦"是什么

"锦"是植物叶子变黄的一种现象。锦与缀化一样难得，所以价格要比同品种的普通多肉植物高 2~3 倍。有很多人专门收集缀化植物以及带锦植物。

多肉植物不论什么品种都可能出现锦，所以大家在种植过程中一定要留意观察。

内 容 提 要

本书为国内第一本从韩国引进的多肉书，书中韩国多肉达人分享了多年积累的多肉养护实战经验，110种韩国人气多肉品种图鉴，更有韩国发行量最大的园艺杂志《Flora》推荐的50余款韩国多肉顶级玩家与花店店主的创意组合盆栽，步步详解，让你一头栽入多肉的奇幻世界。

北京市版权局著作权合同登记图字：01-2013-4845号

우리집 다육식물 키우기

Copyright © 2010 by The monthly Flora & Won Jong Hee

All rights reserved.

Simplified Chinese copyright © 2014 by China WaterPower Press

This Simplified Chinese edition was published by arrangement with Soridle Co.,Ltd through Agency Liang.

图书在版编目（CIP）数据

趣玩多肉：人见人爱的创意小盆栽 / （韩）元钟姬著；李小晨译. -- 北京：中国水利水电出版社，2014.1（2017.11 重印）
ISBN 978-7-5170-1603-8

Ⅰ. ①趣… Ⅱ. ①元… ②李… Ⅲ. ①多浆植物－盆栽－观赏园艺 Ⅳ. ①S682.33

中国版本图书馆CIP数据核字(2013)第319512号

策划编辑：余椹婷 加工编辑：习 妍 责任编辑：余椹婷 封面设计：杨 慧

书　　名	趣玩多肉：人见人爱的创意小盆栽
作　　者	[韩] 月刊《Flora》编辑部 元钟姬 著 李小晨 译
出版发行	中国水利水电出版社
	（北京市海淀区玉渊潭南路 1 号 D 座 100038）
	网　址：www.waterpub.com.cn
	E-mail：mchannel@263.net（万水）
	sales@waterpub.com.cn
	电　话：（010）68367658（发行部）、82562819（万水）
经　　售	北京科水图书销售中心（零售）
	电话：（010）88383994、63202643、68545874
	全国各地新华书店和相关出版物销售网点
排　　版	北京万水电子信息有限公司
印　　刷	北京市雅迪彩色印刷有限公司
规　　格	190mm×230mm　16 开本　8.25 印张　120 千字
版　　次	2014 年 1 月第 1 版　2017 年 11 月第 5 次印刷
印　　数	17001—20000 册
定　　价	35.00元